十大蛋鸡病
诊断及防控图谱

张小荣 主编

中国农业科学技术出版社

图书在版编目（CIP）数据

十大蛋鸡病诊断及防控图谱/张小荣主编.—北京：
中国农业科学技术出版社，2015.1
（十大畜禽病诊断及防控图谱丛书）
ISBN 978-7-5116-1925-9

Ⅰ.①十…　Ⅱ.①张…　Ⅲ.①鸡病—诊疗—图谱
Ⅳ.①S858.31-64

中国版本图书馆CIP数据核字（2014）第281633号

责任编辑　闫庆健　李冠桥
责任校对　贾晓红

出 版 者	中国农业科学技术出版社
	北京市中关村南大街12号　邮编：100081
电　　话	（010）82106632（编辑室）（010）82109702（发行部）
	（010）82109703（读者服务部）
传　　真	（010）82106625
网　　址	http://www.castp.cn
经 销 者	各地新华书店
印 刷 者	北京昌联印刷有限公司
开　　本	710 mm×1 000 mm　1/16
印　　张	3
字　　数	51千字
版　　次	2015年1月第1版　2015年1月第1次印刷
定　　价	19.80元

《十大蛋鸡病诊断及防控图谱》
编 委 会

主　　编：张小荣

副 主 编：王彦红

参编人员（按姓氏笔画排序）：

吴艳涛　　王小波　　陈素娟

焦库华　　张建军　　杨　瑞

主编简介

　　张小荣，男，1978 年出生，江苏泰兴人。扬州大学预防兽医学博士，美国堪萨斯州立大学兽医学院博士后，扬州大学兽医学院副教授、硕士生导师。主要从事蛋鸡疾病快速诊断与防控技术研究，先后主持国家自然科学基金项目 1 项，参加国家自然科学基金项目、国家科技支撑计划项目、现代农业产业技术体系项目等国家级、省部级科研项目 10 多项，发表科研论文 30 余篇，参编专著和教材 3 部，申请专利 10 多项。在从事科学研究工作的过程中，经常深入生产一线，了解和追踪各种疾病的最新流行动态，积累了丰富的临床经验。特别是从 2011 年开始，他加入国家蛋鸡产业技术体系疾病控制研究室新发传染病研究岗位科学家团队以来，作为团队主要成员之一，与作为蛋鸡行业领头羊的大多数体系综合试验站均建立了密切的联系，为各试验站提供了大量的临床疾病诊断和样品快速检测服务，为试验站正确制订疾病防控策略提供了科学的依据。

前　言

从 1985 年开始,我国鸡蛋产量始终位居世界首位,是名副其实的鸡蛋生产大国。经过多年的发展,我国蛋鸡行业已基本完成了良种化、专业化、设施化和市场化,形成了较为完善的业内分工体系。但同时疾病问题仍是制约行业发展最为重要的因素之一,疾病的发生不仅可导致蛋鸡生产性能下降、甚至死亡,严重的时候也可以造成市场行情的剧烈波动。编者根据近年来蛋鸡疾病临床诊疗经历,选择了严重影响蛋鸡养殖业健康发展的十大蛋鸡疾病(禽流感、新城疫、传染性支气管炎、传染性喉气管炎、传染性法氏囊病、马立克氏病、禽白血病、沙门氏菌病、大肠杆菌病和球虫病)作为本书内容,意图通过临床症状、剖检病变、临床实践和病例对照等不同侧面的展示,勾画出疾病的本质特征,为快速、准确、有效地诊断、预防和控制这些蛋鸡疾病提供参考依据。本书可以作为蛋鸡场技术人员、畜牧兽医工作者以及大中专院校师生进行蛋鸡疾病防控的工具书。由于编写时间较短,对一些典型的临床照片及病例资料收集还不够全面,恳请各位读者批评指正,以便再版时完善。

编　者

2014 年 12 月

目 录

一、禽流感

（一）临床症状

禽流感在禽类引起很大危害的主要是两种，一种是由 H9 亚型禽流感病毒引起的低致病性禽流感，另一种是由 H5 亚型禽流感病毒引起的全身感染的高致病性禽流感。H9 亚型禽流感死亡率较低，感染雏鸡主要出现呼吸道的病变，开始时流鼻涕、咳嗽、流泪，严重时张口呼吸；H9 亚型禽流感在产蛋鸡主要表现为采食量正常、精神良好，产蛋突然下降。如果 H9 亚型禽流感病毒与大肠杆菌等混合感染，可引起死亡率显著增加，高的可达到 60%。H5 亚型禽流感病毒引起的高致病性禽流感死亡率高，从开始出现症状后死亡数只，到一周后出现大批量的死亡，易感鸡群从出现症状开始 7~10 天内死亡率可达 100%。病鸡面部肿胀，鸡冠和肉髯发绀，拉黄绿色稀粪，部分发病鸡可出现神经症状。

（二）剖检病变

雏鸡感染 H9 亚型禽流感后主要病变在呼吸道，鼻腔和气管内出现卡他性、浆液性、纤维素性等炎症，严重时渗出物从浆液性变为干酪样物质阻塞气管引起窒息而死。产蛋鸡感染 H9 亚型禽流感后主要病变表现在卵泡变性和输卵管有炎性渗出物。H5 亚型禽流感病毒引起禽全身重要器官和皮肤的出血及坏死性损伤。主要表现在脚鳞片下出血，胸肌和腿肌大面积出血。

（三）临床实践

禽流感主要发生在冬春季节，低致病性禽流感的发病率可很高，但死亡率较低，对产蛋鸡主要导致生产性能下降。而高致病性禽流感在未免疫的鸡群可引起很高的死亡率。

临床上需要注意对低致病性禽流感与传染性支气管炎等呼吸道疾病进行鉴别，高致病性禽流感在症状和病变方面有时与新城疫难以区分，需要借助于病毒分离与鉴定进行最终确诊。

（四）病例对照

图1-1显示的为雏鸡感染低致病性禽流感病鸡气管内出现干酪样物质阻塞气管；图1-2显示的为高致病性禽流感病毒致死鸡脚部鳞片下出血；图1-3显示的为高致病性禽流感病死鸡胸肌和腿肌大面积出血；图1-4显示的为高致病性禽流感病死鸡腹部脂肪点状出血；图1-5显示的为高致病性禽流感病死鸡腺胃乳头出血；图1-6～图1-8显示的为母鸡生殖系统病变，卵泡充血、变性，输卵管内大量黏液性至干酪样的渗出物。

图1-1　气管内干酪样栓塞

图1-2　脚部鳞片下出血

图1-3　胸肌和腿肌出血

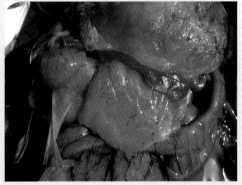

图1-4　腹部脂肪点状出血

图1-5　腺胃乳头出血

图1-6　卵泡充血、变性

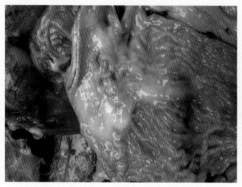

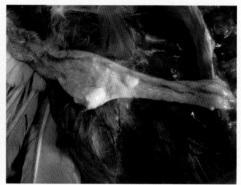

图1-7　输卵管内黏液性渗出物

图1-8　输卵管内干酪样渗出物

（五）防控措施

疫苗免疫是预防禽流感的有效手段，目前，应用的疫苗均为油乳剂灭活疫苗。应在对鸡群进行定期抗体监测的基础上合理调整免疫程序，避免免疫不足或免疫过频。

发生高致病性禽流感的鸡场要及时全群扑杀，做好尸体和粪便的无害化处理，对环境进行彻底消毒。

执行严格的生物安全措施。由于水禽（包括家养水禽和野生水禽）是禽流感病毒重要的天然储存宿主，因此，养殖场除要定期进行常规消毒外，还要避免多种家禽混养，同时也要采取防范措施防止蛋鸡与野生禽类的接触，以防止外来病毒传入。

二、新城疫

（一）临床症状

根据鸡群的年龄、免疫情况或病毒毒力的不同，新城疫引起的疾病危害程度不同。新城疫临床上分为最急性型、急性型、亚急性型和慢性型。最急性型常见于雏鸡或非免疫鸡群，不表现明显临床症状而突然死亡，死亡率高达100%。急性型病初表现为体温升高，食欲减退，精神委顿，拉黄绿色稀粪；随后出现呼吸道症状，病鸡常张口呼吸，气管发出啰音；病程长的出现扭头和肢、翅的麻痹等神经症状。亚急性和慢性型的症状与急性型相似，但较为缓和。

青年和成年鸡群一般经历多次疫苗接种，具有不同程度的免疫力，即使感染新城疫强毒，也很少发生典型的病症和死亡，而出现所谓"非典型"新城疫。当商品肉鸡的免疫程序不当时，可能发生典型新城疫，出现高发病率和死亡率。在产蛋鸡群，"非典型"新城疫主要表现为一时性产蛋下降，或诱发不同程度的呼吸道症状。蛋壳颜色变浅，软皮蛋、沙壳蛋和畸形蛋比例增加。病程一般在1~2月，鸡群死亡率一般不超过5%。

（二）剖检病变

鸡新城疫的典型病变为全身黏膜和浆膜出血，常见的包括气管黏膜出血、腺胃乳头出血、肠道黏膜和盲肠扁桃体出血等。而在一些慢性感染仅见到肠道黏膜和盲肠扁桃体出血，在回肠部位常可见肠道淋巴滤泡坏死形成"枣核"样病变。在出现神经症状的病鸡常可见脑膜充血和出血。

（三）临床实践

目前，商业鸡群普遍接种鸡新城疫疫苗，因此临床上以非典型性新城疫较为常见。在诊断时需注意与禽流感、传染性支气管炎、传染性喉气管炎、产蛋下降综合征等疾病进行鉴别，往往需要借助于病毒分离和鉴定进行确诊。

目前，很多鸡场在制订新城疫免疫程序时存在一些误区，有的鸡场在产蛋期免疫过多，甚至出现每个月均用弱毒疫苗饮水免疫，不仅达不到预期效果，而且干扰了原有的抗体水平。但也有的鸡场在整个产蛋期均不免疫，在产蛋后期抗体水平下降，难以抵御强毒的感染，造成生产性能的下降。因此，在制订免疫程序时应以抗体监测的数据为依据，科学地进行调整。

在商业鸡群中健康带毒的状况较为普遍，一旦鸡群抗体水平下降到临界值以下或在某些应激因素存在的情况下，常可引起发病。

（四）病例对照

图2-1显示的为发病鸡出现呼吸道症状，张口呼吸；图2-2显示的为发病鸡出现神经症状，头颈扭曲；图2-3显示的为发病鸡拉绿色粪便；图2-4显示的为腺胃黏膜水肿和腺胃乳头出血；图2-5显示的为肌胃角质层下出血；图2-6显示的为盲肠扁桃体出血；图2-7显示的为肠道淋巴滤泡坏死形成"枣核"样病变；图2-8显示的为发病鸡所产软壳蛋；图2-9显示的为产蛋异常病鸡卵泡充血、变形和变性；图2-10显示的为"非典型性新城疫"病鸡小肠黏膜轻度点状出血。

图2-1　病鸡张口呼吸

图2-2　病鸡出现神经症状，头颈扭曲

图2-3　病鸡拉出的绿色粪便

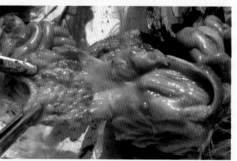

图2-4　腺胃黏膜水肿、乳头出血

图2-5 肌胃角质层下出血

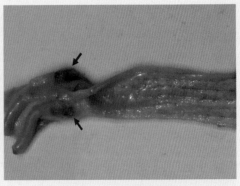

图2-6 盲肠扁桃体出血

图2-7 肠道淋巴滤泡坏死形成
"枣核"样病变

图2-8 发病鸡产软壳蛋

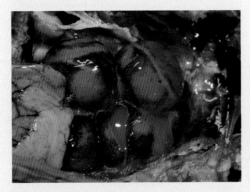

图2-9 卵泡充血、变形和变性

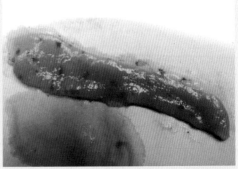

图2-10 小肠黏膜轻度点状出血

（五）防控措施

加强检疫、执行严格的生物安全措施以及采取全进全出的养殖制度对防止野毒传入具有重要意义。

疫苗免疫是目前控制该病最有效的措施，常用的疫苗包括弱毒活疫苗和灭活疫苗两种。生产中一般先用弱毒疫苗进行基础免疫，然后用灭活疫苗进行加强免疫，免疫保护期一般可达4~6个月。在制订免疫程序时，一定要以抗体监测数据为依据，合理确定免疫时间和免疫次数，应避免在高抗体水平时进行疫苗免疫接种，尤其是弱毒疫苗免疫。

在产蛋期应注意加强饲养管理，防止各种应激造成免疫力下降而引起发病。

目前对该病没有有效的治疗方法，发病以后可适当使用抗生素控制细菌性继发感染。

三、传染性支气管炎

（一）临床症状

本病特征性症状是喘息、咳嗽、打喷嚏、气管啰音和流鼻涕，眼睛湿润。症状的严重程度因感染日龄、毒株类型以及是否存在其他病原的混合感染而存在很大的差异。1月龄以内的幼鸡呼吸道症状较为严重，病鸡群精神不振，食欲减少，扎堆。成年鸡感染后呼吸道症状一般较为轻微，有的鸡群仅表现为一过性的呼吸道症状，但发病鸡群可表现为产蛋下降，蛋的品质下降（蛋白稀薄如水样），畸形蛋、薄壳蛋等次品蛋增多。母鸡在幼龄时期感染后还可影响生殖系统的发育，导致性成熟后不能正常产蛋而成为"假母鸡"。肾型毒株感染的鸡群，除可能出现呼吸道症状，还常表现持续性白色水样下痢，迅速消瘦，饮水量增加。

（二）剖检病变

病鸡气管黏膜水肿，鼻腔和气管中有浆液性或卡他性渗出物，病程长一些的可在气管后段和支气管内形成淡黄色干酪样栓塞。气囊混浊或有干酪样渗出物。肾脏病变主要表现为肿大、苍白、肾小管和输尿管尿酸盐沉积，呈现典型的"花斑肾"。母鸡在幼龄时期感染后可导致输卵管发育不良，大多数感染鸡卵巢可正常发育，成熟的卵子无法经输卵管排出而掉入腹腔内，长期积累导致腹部极度膨大，剖检可见大量变性的卵黄，严重的导致卵黄性腹膜炎。也有部分产蛋障碍的鸡剖检后可观察到输卵管严重积液，呈"鱼鳔"样外观。成年母鸡感染可观察到部分卵泡松弛甚至完全萎缩。

（三）临床实践

蛋鸡传染性支气管炎发病急、传播速度快、发病率高。本病虽全年均可发生，但常见于晚秋和冬春季节，主要与气温较低、出于保暖需要而减少通风量导致鸡舍内空气质量下降有关。根据病史、临床症状和剖检病变一般不难作出初步诊断，但确诊必须进行病毒分离与鉴定。临床上需注意与新城疫、禽流感、传染性喉气管炎、传染性鼻炎及产蛋下降综合征鉴别诊断：新城疫和禽流感发病鸡群常可见到神经症状,剖检可见多个组织器官的不同程度出血病变;传染性喉气管炎传播速度比本病慢,但其呼吸道症状更严重,在鸡舍中往往能够看到病鸡咳出的带血痰液,另外,传染性喉气管炎病鸡形成的气管栓塞一般位于喉头部位及气管的前段和中段,且气管黏膜往往伴有轻度到严重的出血;传染性鼻炎病鸡常见面部肿胀;产蛋下降综合征所致产蛋下降及蛋壳质量下降与本病相似,但并不影响鸡蛋内部的品质。

(四)病例对照

图3-1显示的为雏鸡感染后精神不振,畏寒,呆立在热源附近;图3-2显示的为病鸡气管内有大量黏液;图3-3显示的为支气管内形成的干酪样栓塞;图3-4、图3-5显示的为肾型传染性支气管炎的症状和肾脏病变;图3-6、图3-7显示的是发病鸡早期感染后导致输卵管发育不良,图3-7同时可见卵泡变形、萎缩;图3-8、图3-9显示的为输卵管积液;图3-10显示的为成年鸡感染后导致的卵泡变性;图3-11、图3-12显示的为产蛋鸡感染后产出的小蛋、软壳蛋等次品蛋。

图3-1 感染雏鸡呆立在热源附近

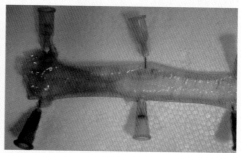

图3-2 气管内有大量黏液

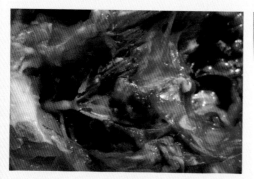

图3-3 支气管内形成干酪样栓塞

图3-4 肾型传染性支气管炎病鸡拉白色稀粪

图 3-5　肾脏肿大，内有大量尿酸盐沉积

图 3-6　输卵管发育不良

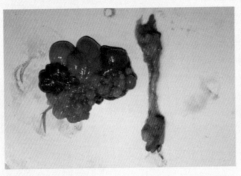

图 3-7　输卵管发育不良，卵泡变形、萎缩

图 3-8　输卵管积液

图 3-9　输卵管积液

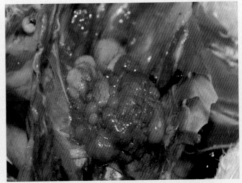

图 3-10　成年鸡感染致卵泡变性

图 3-11　发病鸡群产出蛋颜色较淡　　　图 3-12　发病鸡群产出的小蛋等次品蛋

（五）防控措施

防制本病的最有效的方法是使用疫苗进行免疫预防，目前，商品化的疫苗主要包括弱毒活疫苗和灭活疫苗两类。弱毒活疫苗主要在早期进行，使鸡群在母源抗体水平下降之后能够迅速建立起特异性的早期保护性免疫应答；灭活疫苗一般在开产之前使用以保护鸡群避免由于发生传染性支气管炎而导致的产蛋下降。由于传染性支气管炎病毒血清型众多，不同血清型之间交叉保护性较低甚至完全不能保护，因此，有条件的鸡场应在流行病学监测的基础上根据流行的病毒血清型合理选择疫苗毒株。此外，严格的生物安全措施和良好的饲养管理和舒适的鸡舍环境也是控制本病非常关键的因素。

对于发病鸡群尚无有效的治疗措施，可选择使用适当的抗生素以防治细菌的继发感染。对于肾型传染性支气管炎，可在饮水中添加 1 克 / 升的水杨酸钠以改善发病鸡的肾脏机能。对于早期感染而引起的"假母鸡"，一般无继续饲养的价值，可加强观察，及时淘汰。产蛋鸡群感染后引起的产蛋下降一般经过一段时间后可自然恢复到一定的水平。

四、传染性喉气管炎

（一）临床症状

传染性喉气管炎的临床症状因感染毒株的毒力不同而存在较大差异。强毒株可引起鸡急性呼吸道症状，病初表现为流泪和湿性啰音，随后出现咳嗽和喘气。严重病例高度呼吸困难，病鸡常伸长脖颈张口呼吸，可咳出带血的痰液。发病鸡的死亡原因一般是由于气管堵塞而窒息死亡，最急性病例可于 24 小时左右死亡，多数 5~10 天或更长，不死者一般经 10~14 天恢复。毒力较弱的毒株引起发病时，流行比较缓和，发病率低，症状较轻，仅表现为生长缓慢，产蛋减少，有时有结膜炎、眶下窦炎、鼻炎及气管炎，病程可长达 1 个月，死亡率一般较低（<2%）。

（二）剖检病变

本病的特征性病变主要在喉头和气管，表现为黏膜肿胀、充血和出血。气管中有带血黏液或血凝块，气管管腔变窄，病程 2~3 天后有黄白色纤维素性干酪样假膜，严重病例可导致喉头和气管完全堵塞。炎症有时也可波及支气管、肺和气囊等部位，甚至上行至鼻腔和眶下窦。

（三）临床实践

本病在各种年龄及品种的鸡均可发生，但以成年鸡症状最为典型。一年四季均可发生，但以秋冬寒冷季节多发。发病率一般 50%~100%，死亡率 10%~20%，最急性型死亡率可高达 50%~70%。实践中需要注意与鸡新城疫、高致病性禽流感和传染性支气管炎进行鉴别。本病发生时呼吸道症状往往更为严重，病鸡大多有伸颈张口呼吸的动作，鸡舍的墙壁、笼具、垫料等处常可见病鸡咳出的带血痰液，剖检可见喉头、气管部位存在的特征性假膜。而新城疫、禽流感病鸡虽也能观察到气管黏膜的严重出血，但一般不会咳出带血痰液，气管中一般不会形成假膜，且一般同时伴有全身其他多个组织器官的病变。传染性支气管炎病鸡气管中可观察到大量炎性分泌物，但气管黏膜一般不会严重出血，部分病程较长的病鸡在支气管部位可形成干酪样栓塞，与传染性喉气管炎病例形成的特征性假膜在部位上存在差异。

（四）病例对照

图 4-1~ 图 4-3 显示的为特征性的症状，病鸡呼吸极度困难，伸颈张口呼吸，在同群鸡羽毛上和鸡舍内物体表面可见病鸡咳出的带血痰液；图 4-4~ 图 4-8 显示的为不同程度的气管病变，早期可见气管黏液增多，严重病例黏液中混有大量血液，后期气管黏膜脱落及在气管中形成黄白色纤维素性干酪样假膜。

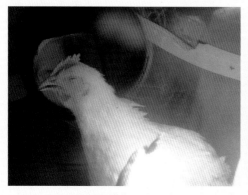

图 4-1　病鸡呼吸困难，羽毛上有同群鸡咳出的血痰

图 4-2　病鸡伸颈张口呼吸，口角有带血痰液

图 4-3　饲养笼具内到处可见病鸡咳出的血痰

图 4-4　气管内有大量黏液性渗出物

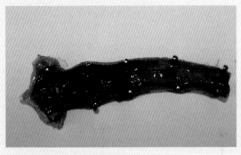

图 4-5　气管内充满带血的黏液性渗出物

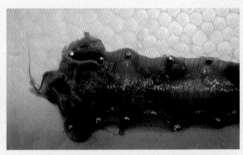

图 4-6　气管黏膜坏死脱落

图 4-7　气管内有黄色干酪样栓塞

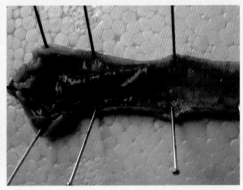

图 4-8　气管内可见带血的黄色干酪样栓塞

（五）防控措施

疫苗的免疫接种能有效预防传染性喉气管炎的发生，目前，常用的疫苗主要是弱毒活疫苗，由于疫苗毒株存在一定的残余毒力，因此，在接种时应严格按照推荐剂量使用，严禁随意增加免疫剂量以免导致严重的副作用。由于弱毒疫苗在鸡体内连续传代后存在毒力返强的风险，因此，对于从未发生该病的地区不推荐进行疫苗接种。近年来推出的以鸡痘病毒或火鸡疱疹病毒为载体的基因工程疫苗在应用中显示出良好的免疫保护效果，且安全性更佳。

由于传染性喉气管炎病毒具有潜伏感染的特性，病鸡、康复鸡、外表无症状的带毒鸡均可能成为该病的传染源，因此，在疫区实行全进全出的养殖模式对该病的防控具有重要的意义。

该病发生后一般无特异性的治疗措施，可根据情况选用适当的抗生素预防细菌继发性感染。

五、传染性法氏囊病

（一）临床症状

传染性法氏囊病的潜伏期短，一般感染后2~3天内可出现临床症状。发病鸡群常常首先表现出啄肛、拉稀、排出白色水样粪便，随之食欲减退，精神沉郁，羽毛逆立，打战，扎堆，最终常因大量脱水极度衰竭而死亡，死亡之前体温较低。病程一般为5~7天，常表现为突然发病，"尖峰式"死亡和迅速恢复，发病率可高达100%，死亡率20%~30%，严重者可达50%。

（二）剖检病变

典型的传染性法氏囊病病死鸡剖检后首先观察到的是严重的脱水，皮下较为干燥，胸肌和腿肌有不同程度的出血点或出血斑。法氏囊的病变最具诊断价值，法氏囊水肿、出血，严重病例法氏囊呈"紫葡萄"样，后期由于法氏囊组织迅速坏死而导致囊体萎缩。腺胃和肌胃交界处有时可见条带状出血。病鸡肾脏肿胀，可见严重的尿酸盐沉积。

（三）临床实践

传染性法氏囊病是一种严重的免疫抑制性疾病。3~6周龄的鸡对本病最易感，3周龄以下的易感雏鸡感染后常常不表现出临床症状，但却能导致免疫抑制。尤其是对于一些母源抗体水平较低的鸡群，由于早期的法氏囊损伤而导致更加严重的免疫抑制。

本病为高度接触性传染病，可在发病鸡群和健康易感鸡群之间迅速传播，污染的饲料、垫料、饮水、粪便以及流动的人员、车辆等均可成为该病的传播媒介，再加上传染性法氏囊病毒对外界环境因素具有极强的抵抗力，一般的消毒剂很难将其完全杀灭，因此，发病之后的环境管控是控制该病传播的关键。

该病的诊断相对比较容易，根据其特征性的尖峰状死亡曲线以及剖检病变不难作出诊断。但对于幼龄雏鸡和低母源抗体水平鸡群的亚临床感染，在诊断时需要综合病理组织学、血清学检查以及病毒分离鉴定才能作出确诊。临床上需注意与肾型传染性支气管炎的鉴别诊断，肾型传染性支气管炎可引起病鸡腹泻，排出白色水样粪便，引起的肾脏病变也与传染性法氏囊病类似，但该病无特征性的法氏囊病变，因此，比较容易区分。

（四）病例对照

图 5-1 显示的为发病初期由于啄肛而引起的泄殖腔周围黏膜红肿；图 5-2 显示的为病鸡排出的带有大量尿酸盐的白色水样粪便；图 5-3 和图 5-4 分别显示的为腿肌和胸肌出血；图 5-5 ~ 图 5-8 显示的为法氏囊的病变，病初水肿、出血，后期囊体萎缩，剖开可见干酪样坏死；图 5-9 显示的为肾脏肿大，大量尿酸盐沉积；图 5-10 显示的为腺胃和肌胃交界处的条带状出血。

图 5-1　病鸡由于啄肛而引起泄殖腔周围黏膜红肿

图 5-2　病鸡排出含大量尿酸盐的白色水样粪便

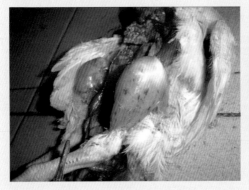

图 5-3　腿部肌肉出血

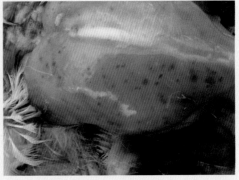

图 5-4　胸部肌肉出血

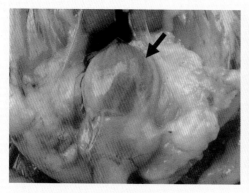

图 5-5　法氏囊外观极度肿大

图 5-6　法氏囊水肿、出血，呈"紫葡萄"样

图 5-7　法氏囊切开可见黏膜水肿、出血

图 5-8　法氏囊黏膜坏死后在囊腔内形成的
干酪样物

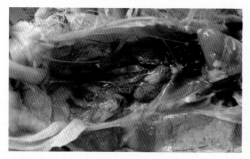

图 5-9　肾脏肿大，内有大量尿酸盐沉积

图 5-10　腺胃和肌胃交界处条带状出血

（五）防控措施

疫苗免疫是控制该病的有效措施，目前常用的疫苗有弱毒活疫苗和灭活疫苗，一般先用活疫苗进行基础免疫，再用灭活疫苗进行加强免疫，可提供坚强的

免疫保护。但要注意的是需要根据母源抗体水平的高低合理确定首免的日龄，以免由于母源抗体的干扰而影响疫苗的免疫效果。近年来也出现了以火鸡疱疹病毒等为载体的基因工程疫苗，显示出较好的免疫保护效果，且可以有效避免常规活疫苗由于存在一定的残余毒力而引起免疫抑制的风险。

在疾病发生以后，应采取强有力的生物安全措施，做好病死鸡和粪便等污染物的无害化处理，以将疫病限制在一定的范围之内。

该病无特异性治疗方法，但被动免疫对于该病的控制具有较好的效果，在发病早期可用高质量的特异性卵黄抗体或高免血清进行治疗，对于控制疾病的进一步发展具有较好的效果。

六、马立克氏病

（一）临床症状

马立克氏病可引起多种不同的临床表现。

（1）内脏型：感染鸡群表现高死亡率和内脏肿瘤，是临床最为常见的类型。病鸡精神沉郁、严重消瘦，死亡率为 0%~60%。多发于 4~90 周龄。

（2）神经型：由于病毒侵害的外周神经（坐骨神经、臂神经、迷走神经）不同，病鸡可表现出腿、翅的单侧性、进行性麻痹，有时也会出现颈的麻痹，发生颈部麻痹时，病鸡无法进行正常采食。这种类型在蛋鸡多发于 8~20 周龄，死亡率 0%~20%。

（3）眼型：为病毒侵害眼部所致，病鸡虹膜增生褪色，瞳孔收缩，边缘不整，似锯齿状，严重的可导致完全失明。

（4）急性死亡综合征：是最近才观察到的一种临诊类型，病鸡精神沉郁，死亡之前发生昏迷，一般症状出现 24 小时内发生死亡。

（5）一过性麻痹：该类型临床上较为少见。病鸡突发性麻痹或瘫痪，一般持续 24~48 小时后症状即完全消失，偶见死亡。一般发生于 5~12 周龄。

（二）剖检变化

淋巴细胞肿瘤是鸡马立克氏病最常见的剖检病变。淋巴细胞肿瘤可在一种或多种器官中发生，几乎涉及所有器官，肝脏、脾脏、肾脏、肺、生殖腺（尤其是卵巢）、心脏和骨骼肌较为常见，肿瘤组织表面常可见弥漫性灰白色坏死灶或凸起的结节。

神经病变也是较为常见的特征性病变，受侵害的外周神经（坐骨神经、臂神经、迷走神经）增粗，横纹消失。

（三）临床实践

本病根据特征性临床症状和剖检病变一般不难作出初步诊断，但该病引起的淋巴细胞肿瘤在外观上与禽白血病引起的淋巴细胞肿瘤往往很难区分，因此病理学检查具有很重要的诊断意义，典型的显微病变表现为多形性淋巴细胞浸润。

马立克氏病是一种免疫抑制性疾病，可导致鸡群对其他病原微生物的易感性增加。

（四）病例对照

图6-1显示的为病鸡坐骨神经受侵害而出现的肢体麻痹；图6-2显示的为病鸡极度消瘦；图6-3～图6-5显示的为肝脏肿瘤，肿瘤外观可表现为弥漫性或结节性；图6-6显示的为脾脏肿瘤；图6-7显示的为肾脏肿瘤；图6-8～图6-10显示的为不同形态的卵巢肿瘤；图6-11、图6-12显示的为腺胃肿大，黏膜严重水肿；图6-13显示的为心肌肿瘤；图6-14显示的为胸肌肿瘤；图6-15显示的为胰腺肿瘤；图6-16显示的为肠系膜肿瘤。

图6-1 病鸡肢体麻痹，呈"劈叉"样姿势

图6-2 病鸡极度消瘦

图6-3 肝脏表面可见大小不一的
　　　白色肿瘤结节

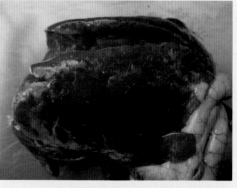
图6-4 肝脏表面可见弥漫性肿瘤

图 6-5 肝脏表面形成较大的肿瘤结节

图 6-6 脾脏肿瘤

图 6-7 肾脏肿瘤

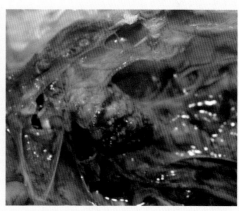

图 6-8 卵巢肿瘤，呈"菜花"样

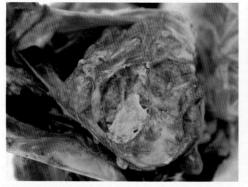

图 6-9 卵巢肿瘤，肿瘤包膜内有
大量变性的卵黄

图 6-10 卵巢表面形成较大的肿瘤结节

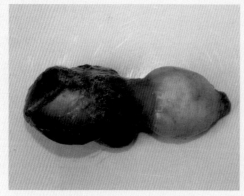

图 6-11　腺胃外观极度肿大

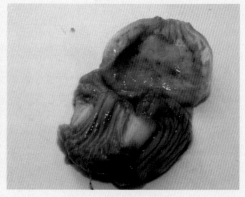

图 6-12　腺胃黏膜严重水肿

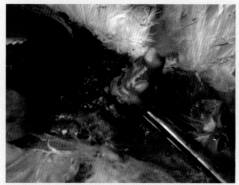

图 6-13　心肌肿瘤

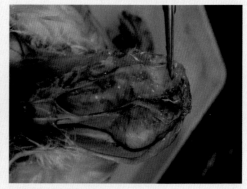

图 6-14　胸肌肿瘤

图 6-15　胰腺肿瘤

图 6-16　肠系膜肿瘤

（五）防控措施

1 日龄和胚胎接种马立克氏病疫苗是预防本病最有效的方法。目前，常用的疫苗包括血清 I 型的 CVI988 疫苗和血清 III 型的火鸡疱疹病毒疫苗，其中，CVI988 疫苗为液氮苗，在疫苗保存和运输过程中应随时检查液氮的挥发程度，以免液氮过度挥发引起疫苗病毒失活。

由于疫苗免疫后需要一周以上时间才能建立起较为坚强的特异性免疫保护，因此加强卫生措施防止孵化室和育雏期的早期感染同样至关重要。

疫苗免疫只能提供临床保护，但不能阻止强毒的感染，健康成年鸡群健康带毒的现象非常普遍，且病毒可通过羽囊排出体外，排出的病毒对外界环境因素具有较强的抵抗力，可通过呼吸道途径感染其他易感鸡群，因此采取全进全出的养殖制度对于防止强毒在不同年龄鸡群间的水平传播具有重要的意义。

七、禽白血病

（一）临床症状

禽白血病一般在 14 周龄以后开始发病，在性成熟期发病率最高。病鸡精神委顿，全身衰弱，进行性消瘦和贫血，鸡冠、肉髯苍白。病鸡食欲减少或废绝，腹泻，产蛋停止。腹部常明显膨大，用手按压可摸到肿大的肝脏，最后病鸡衰竭死亡。缺乏明显临床症状的感染鸡，能引起产蛋性能降低。

近几年国内发现一种由 J 亚群白血病病毒感染引起的蛋鸡血管瘤，主要在开产期前后发病，导致产蛋率下降，死淘率最高能达到 20%。血管瘤通常单个发生于皮肤、足底部等部位，在脚趾、翼部、胸部皮肤有米粒大至黄豆大血疱或在皮下形成血肿，当瘤壁破溃时，会引起大量出血，多数病鸡由于失血过多而死亡。

（二）剖检变化

肿瘤病变是淋巴细胞白血病的主要病变，肿瘤主要发生于肝脏、脾脏、肾脏，也可见于法氏囊、心肌、性腺、骨髓、肠系膜和肺等部位。肿瘤呈结节性或弥漫性，灰白色到淡黄白色，大小不一，切面均匀一致，很少有坏死灶。

血管瘤的特征是血管腔高度扩张，管壁很薄。部分病鸡在肝脏和脾脏等部位也可形成血管瘤，在剖检过程中经常可以见到肝脏血管瘤破裂导致腹腔充满大量血凝块。

（三）临床实践

依据病毒囊膜糖蛋白的抗原性差异、病毒干扰实验、宿主范围和基因组的特性，禽白血病病毒可分为 10 个亚群，分别命名为 A 亚群至 J 亚群。目前在国内蛋鸡中危害较大的主要是 A 亚群、B 亚群和 J 亚群。其中，A 亚群、B 亚群在国内商业鸡群中长期存在，而 J 亚群则是近年来才从国外引进的肉鸡群中传入。

该病的主要传播方式是种蛋垂直传播，但直接或间接接触所引起的水平传播也不容忽视。经垂直传播途径先天性感染的雏鸡呈现免疫耐受，其血液和组织中经常含有大量病毒，随粪便和唾液等大量排出，成为水平传播病毒的来源。

本病的感染虽很广泛，但临床病例的发生率相当低，一般多为散发。在临床诊断的过程中需要与马立克氏病引起的淋巴细胞肿瘤进行鉴别，可结合病理组织学特征和病原学、血清学检查来确诊。

（四）病例对照

图 7-1 显示的为发病鸡鸡冠苍白；图 7-2 显示的为病鸡由于肝脏形成肿瘤而导致腹部极度膨大；图 7-3 和 7-4 显示的为肝脏弥漫性或结节性肿瘤，肝脏体积明显增大；图 7-5 显示的为脾脏肿瘤，脾脏大小为正常的数倍；图 7-6 显示的为肾脏肿瘤；图 7-7 和图 7-8 显示的为腺胃肿大、黏膜水肿；图 7-9 和图 7-10 显示的为体表形成的血管瘤；图 7-11 和图 7-12 显示的为肝脏形成的血管瘤，其中，图 7-12 血管瘤破裂之后在腹腔中形成血凝块；图 7-13 显示的为病鸡继发感染大肠杆菌引发的肝周炎。

图 7-1　病鸡鸡冠苍白

图 7-2　病鸡腹部极度膨大

图 7-3　肝脏弥漫性肿瘤

图 7-4　肝脏结节性肿瘤

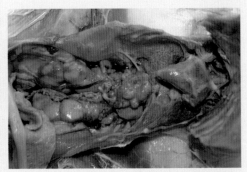

图 7-5 脾脏肿瘤　　　　　　　　　图 7-6 肾脏肿瘤

图 7-7 腺胃肿大　　　　　　　　　图 7-8 腺胃黏膜水肿

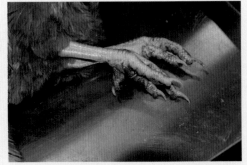

图 7-9 皮肤血管瘤　　　　　　图 7-10 脚趾上形成血管瘤，瘤体破溃
　　　　　　　　　　　　　　　　　　　　引起出血

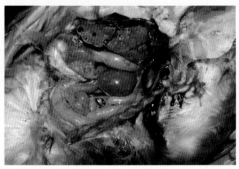

图 7-11 肝脏血管瘤

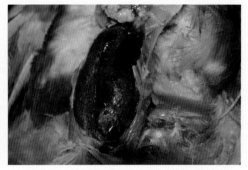

图 7-12 肝脏血管瘤破裂后在腹腔中
形成血凝块

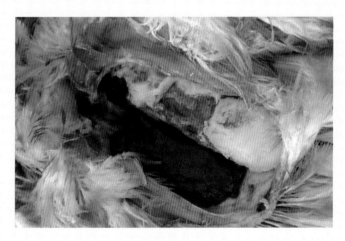

图 7-13 病鸡继发感染大肠杆菌引发肝周炎

（五）防控措施

本病目前尚无切实可行的治疗方法，也没有有效的疫苗，最理想的防治措施是进行种鸡群的净化，培育无禽白血病病毒感染的鸡群。

在消灭垂直传播的同时，为防止水平传播，应经常或定期对孵化间、鸡舍和笼具进行严格消毒。

八、沙门氏菌病

（一）临床症状

不同血清型的沙门氏菌在蛋鸡可引起鸡白痢、禽伤寒和禽副伤寒等3种不同形式的疾病。鸡白痢在3周龄以内的雏鸡可引起很高的发病率和死亡率，病鸡食欲下降、精神沉郁、闭眼、嗜睡，常见白色粪便黏附于肛门周围，病鸡由于排便困难而发出尖叫，少数鸡由于细菌侵入脑部而出现神经症状；3周龄以上的鸡感染症状较为轻微；成年鸡主要表现为慢性感染，病鸡消瘦、食欲减退、产蛋量下降。禽伤寒常见于青年鸡和成年鸡，主要表现为精神委靡、食欲不振、饮欲增加，拉黄色粪便。禽副伤寒与鸡白痢的临床症状相似。

（二）剖检病变

鸡白痢主要病变是肝脏肿大，颜色发黄，肝脏表面有大小不一的白色坏死点，有的病鸡肝脏呈古铜色，胆囊充盈，气囊浑浊增厚，在心肌、肺、肌胃表面常可见凸起的白色结节；经种蛋垂直传播的病鸡常表现为卵黄吸收不良；产蛋鸡感染可引起卵泡变性，成熟的卵子掉入腹腔引起卵黄性腹膜炎。禽伤寒病变主要表现为肝脏肿大和坏死，脾脏和肾脏充血，小肠后段卡他性炎症。禽副伤寒病变与鸡白痢相似，在部分发病鸡盲肠内可见干酪样栓塞。

（三）临床实践

沙门氏菌血清型众多，鸡白痢和鸡伤寒分别由无鞭毛的鸡白痢沙门氏菌和鸡伤寒沙门氏菌引起，鸡白痢沙门氏菌和鸡伤寒沙门氏菌均为宿主高度适应的血清型。禽副伤寒由其他有鞭毛沙门氏菌引起，其中以肠炎沙门氏菌和鼠伤寒沙门氏菌感染最为常见，同时也具有重要的公共卫生意义。

沙门氏菌病可发生于各种年龄的鸡，雏鸡更为易感，且日龄越小，病死率越高；成年鸡一般表现为隐性带菌，但严重影响生产性能。

沙门氏菌既可通过种蛋垂直传播，也可进行水平传播。当种鸡带菌时，在不同代次之间具有显著的级联放大效应。水平传播可通过污染的空气、饲料和饮水传播，啮齿类动物、野禽甚至人类均可充当自然宿主或传播媒介。

（四）病例对照

图8-1显示的为鸡白痢病鸡精神委顿，闭眼；图8-2显示的为鸡白痢发病雏鸡排出白色粪便导致"封肛"，肝脏呈古铜色；图8-3显示的为鸡白痢发病雏鸡卵黄吸收不良；图8-4显示的为鸡白痢发病雏鸡肝脏肿大，颜色发黄，表面有大量白色坏死点；图8-5显示的为较大日龄鸡白痢病鸡肝脏肿大，表面有大量白色坏死点；图8-6显示的为鸡白痢病鸡心肌表面的白色结节；图8-7显示的为雏鸡发生白痢性脑炎而出现神经症状；图8-8显示的为禽伤寒病鸡肝脏呈古铜色。

图8-1 病鸡精神委顿

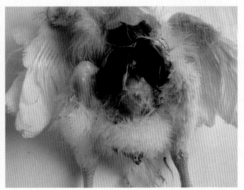

图8-2 鸡白痢发病雏鸡排出白色粪便，肝脏呈"古铜色"

图8-3 雏鸡卵黄吸收不良

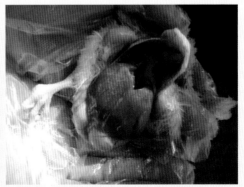

图8-4 肝脏肿大、发黄、表面有大量白色坏死点

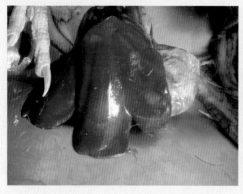

图 8-5 肝脏肿大、表面有大量白色坏死点

图 8-6 心肌表面的白色结节

图 8-7 雏鸡发生白痢性脑炎而出现神经症状

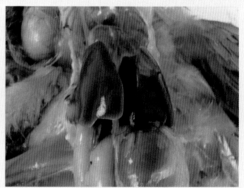

图 8-8 禽伤寒病鸡肝脏呈古铜色

（五）防控措施

由于沙门氏菌可以垂直传播，因此，种鸡群的净化是控制沙门氏菌病最有效的措施。尤其是对于鸡白痢和禽伤寒，可通过定期的血清学检测，及时淘汰阳性鸡，以减少传染源，目前，常用的方法为玻板凝集试验。

加强饲养管理，保持饲料和饮水的清洁、卫生，做好环境消毒，定期进行灭鼠工作，采取有效措施防止野禽进入养殖区。

目前，除肠炎沙门氏菌疫苗已在生产中应用外，尚无其他沙门氏菌疫苗用于临床。对于阳性率较高的鸡群，可在饲料中添加适当的抗生素进行预防性用药，但应杜绝滥用药物或长期连续使用某种药物以免诱发细菌耐药性。对发病鸡群可以使用敏感药物进行治疗，常用的有氟哌酸、强力霉素等药物。

九、大肠杆菌病

（一）临床症状

本病临床症状因发病日龄、感染菌株毒力、是否存在混合感染以及环境因素等而存在较大差异。经种蛋垂直传播的雏鸡表现为脐炎，腹部膨大，脐孔及周围皮肤发紫，一般 1~10 日龄内因出血性败血症而死亡。雏鸡经呼吸道感染可引起明显的呼吸道症状，病鸡咳嗽、打喷嚏。病程较长的雏鸡会引起腹泻，拉黄绿色稀粪。发病鸡一般生长发育不良，食欲下降，不愿走动。成年鸡感染会导致产蛋下降，产蛋高峰期缩短。有的鸡发生全眼球炎，导致一侧或两侧眼睛失明。部分发病鸡由于发生关节滑膜炎而导致跛行。

（二）剖检病变

大肠杆菌感染后引起炎性反应，感染部位表现出典型的病理变化。发生脐炎的病例出现脐部充血、肿胀及水肿，卵黄不易吸收。呼吸道感染后引起多发性浆膜炎，常见的表现为气囊炎、肝周炎和心包炎，发病鸡气囊增厚、肝脏和心包膜外覆盖一层干酪样渗出物。发生输卵管炎的病例由于卵黄掉入腹腔而引起卵黄性腹膜炎，整个腹腔充满大量干酪样物质。

（三）临床实践

大肠杆菌在鸡生长的各个阶段都可能感染引起发病和死亡，临床中最常见的典型变化有大肠杆菌脐炎或卵黄囊感染、心包炎、肝周炎和气囊炎为主的"三炎"症状，以及卵黄性腹膜炎。刚出生的雏鸡出现大肠杆菌脐炎或卵黄囊感染引起的死亡率可以达到 70%~80%。以心包炎、肝周炎和气囊炎为主的"三炎"症状一般出现于 15 日龄以后。大肠杆菌引起卵黄性腹膜炎后，鸡群的产蛋量下降，死淘率增加。

临床上大多数大肠杆菌病均为继发性感染，如传染性支气管炎等呼吸道病原体感染引起呼吸道黏膜损伤后往往会增加大肠杆菌感染的概率。一些免疫抑制性的因素（如发生传染性法氏囊病、白血病等免疫抑制性疾病）在诱导机体免疫抑制后也会导致对大肠杆菌的易感性增加。另外，环境因素（如鸡舍通风不良）也是本病的重要诱发因素。

（四）病例对照

图9-1显示的为病死雏鸡卵黄吸收不良；图9-2显示的为气囊炎，气囊浑浊，不均匀增厚，表面有纤维素性渗出物；图9-3显示的为肝周炎，肝脏被膜表面附有大量纤维素性渗出物；图9-4显示的为心包炎，心包膜外附有大量纤维素性渗出物；图9-5显示的为产蛋鸡的卵黄性腹膜炎；图9-6、图9-7显示的为全眼球炎，病鸡失明，眼睑处有白色干酪样分泌物。

图9-1　卵黄吸收不良

图9-2　气囊炎

图9-3　肝周炎

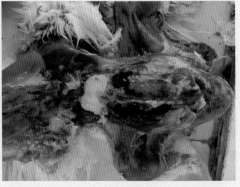

图9-4　心包炎

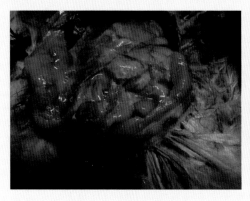

图 9-5 卵黄性腹膜炎

图 9-6 全眼球炎，病鸡失明

图 9-7 全眼球炎，病鸡眼睑处有白色干酪样分泌物

（五）防控措施

由于大肠杆菌的血清型很多，疫苗免疫一般不能达到很好的效果，采取的防治措施主要是加强饲养管理。首先是卫生和环境，其次注意通风和保温。

发病时可选择敏感药物进行治疗，常用的药物有氟哌酸、羟氨苄青霉素、庆大霉素及磺胺类药物等，但应注意轮换用药，在病情控制后及时休药，以免长期使用药物导致肝脏和肾脏的损伤，同时也可避免耐药菌株的出现。

十、球虫病

（一）临床症状

鸡球虫病主要发生在 30~80 日龄，出现腹泻、血便、消瘦等症状。

（二）剖检病变

鸡感染球虫后，主要病变在小肠，出现膨胀，内里充满着水和内容物，肠黏膜粗糙，表面有很多突起，严重病例肠黏膜出血、脱落。或者盲肠出现膨胀、内充满大量的血液。

（三）临床实践

生产中球虫病的发生是在平养的情况下发生的，轻微病例引起长期腹泻，用抗生素治疗无效，而且鸡群整体消瘦。严重病例病鸡大量血便，鸡死亡较多。

（四）病例对照

图 10-1 显示的为病死鸡消瘦，胸部没有太多肌肉；图 10-2~ 图 10-5 显示的为小肠病变，肠管膨胀，小肠黏膜上有很多小的突起，刮取小肠黏膜镜检可见大量球虫裂殖体或球虫卵囊；图 10-6、图 10-7 显示的为盲肠病变，可见盲肠膨胀，内有大量血凝块和脱落的黏膜。

图 10-1 病鸡消瘦

图 10-2 小肠肠管膨大

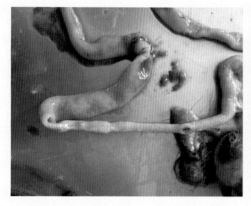

图 10-3　小肠黏膜上有很多小的突起

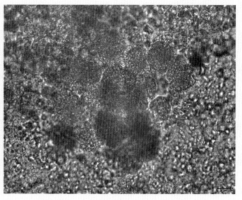

图 10-4　刮取肠黏膜镜检可见
大量球虫裂殖体

图 10-5　刮取肠黏膜镜检可见大量球虫卵囊

图 10-6　盲肠膨大

图 10-7　盲肠内有大量血凝块和脱落的黏膜

（五）防控措施

对易发球虫的群体可以适量添加药物（如地克珠利）进行预防；如果发病可以使用一些药物进行治疗，如磺胺类药物和地克珠利等交替使用。

应用商品化的球虫疫苗来免疫鸡群，也可以达到防止该病发生的目的。

加强饲养管理，鸡舍一定要保持干燥，及时清除粪便。常规的消毒药对球虫没有效果。

参考文献

[1] Saif YM, Barnes HJ. Diseases of poultry [M]. 12th edn. Ames, Iowa: Blackwell Pub. Professional, 2008.

[2] Fraser CM. 默克兽医手册 [M]. 第 7 版. 韩谦，等译. 北京：北京农业大学出版社，1997.

[3] 吴艳涛. 蛋鸡常见病防制技术图册 [M]. 北京：中国农业科学技术出版社，2014.

[4] 吕荣修. 禽病诊断彩色图谱 [M]. 郭玉璞，修订. 北京：中国农业大学出版社，2004.

[5] 陈溥言. 兽医传染病学 [M]. 第 5 版. 北京：中国农业出版社，2006.

[6] 郑明球，蔡宝祥. 动物传染病诊治彩色图谱 [M]. 北京：中国农业出版社，2001.

[7] 崔治中. 禽病诊治彩色图谱 [M]. 第 2 版. 北京：中国农业出版社，2010.

[8] 崔治中，金宁一. 动物疫病诊断与防控彩色图谱 [M]. 北京：中国农业出版社，2013.

[9] 孔繁瑶. 家畜寄生虫学 [M]. 第 2 版. 北京：中国农业大学出版社，2011.

[10] 朱模忠. 兽药手册 [M]. 北京：化学工业出版社，2002.